科学家们有点儿忙

我的牛顿教练

⑥瞄准的秘诀

很忙工作室◎著　有福画童书◎绘

北京科学技术出版社
100层童书馆

艾萨克·牛顿先生是我们这个星球最伟大的科学家之一。
你好！
他提出了万有引力定律……
……和牛顿运动定律。

他发明了反射望远镜，提出了金本位制，还是微积分的创立者之一。
$\int_a^b f(x)dx=F(b)-F(a)$
GOLD

看我点石成金！
哈哈哈！
他还会一点儿炼金术……

你肯定想不到，牛顿还是一位……
……运动教练！
他并不擅长什么体育项目，却指导着所有参与体育运动的人，包括我和你。

现在，我们来欢迎牛顿教练吧！
我对方向、瞄准目标……运动中很多细微之处也少不了牛顿教练的指导。

不知道能不能
射得准啊……
看方向我觉得应
该没有问题。

我是方向。在物理
运动中，方向可是
至关重要的。

叩环！
太棒了！

这一次的研究的确
适合你参加。
希望我能跟牛顿
教练学习如何精
准地控制方向。

你先说说体育运动中对精准度要求很高的项目有什么？
哎呀！怎么播放我的节目了。
射击与射箭！因为它们都需要对目标进行精确的瞄准。

没错。跟我去射击场看看吧。

你一定知道两点可以确定一条直线吧？

嗯，我看过很多射击比赛，感觉运动员的眼睛和靶心之间就有一条直线。

哈哈，让你说中了。射击比赛确实用到了“两点一线”这个原理。

在近距离射击时，如果枪管能完美地与眼睛和靶心间的直线重合，就可以做到指哪儿打哪儿。

照门
准星
枪的后部有照门，枪管前部有准星，这两点确定的直线就是瞄准基线。

射击瞄准的原则，就是让这条直线与眼睛和靶心之间的直线重合。

我懂了！就好比眼睛射出一条线，这条线要穿过照门、准星和靶心。

当照门的凹槽与准星平齐，同时又和靶心重合时，子弹就会命中靶心。
三点一线的瞄准原理！

可是，照门和准星在枪管的上方，子弹是从下面的枪管射出的，它们根本不在一条直线上啊！
为什么按照上方的照门和准星瞄准，下方枪管里的子弹会命中靶心呢？

这个问题很好！你看这把枪，它的瞄准基线和枪管之间是有角度的。当我们瞄准之后，尤其是射击远距离的目标时，枪口其实是要向上抬起的。

难道这也是因为重力？

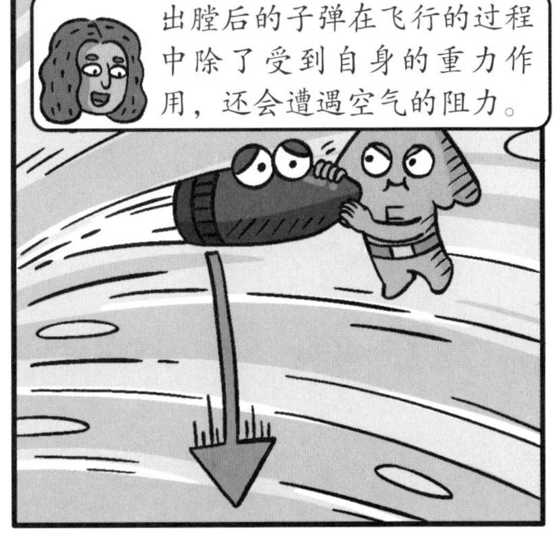
出膛后的子弹在飞行的过程中除了受到自身的重力作用，还会遭遇空气的阻力。

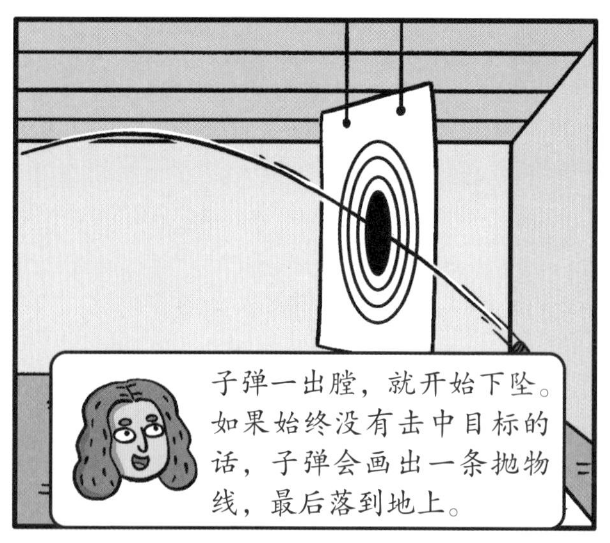
子弹一出膛，就开始下坠。如果始终没有击中目标的话，子弹会画出一条抛物线，最后落到地上。

把枪口向上抬起，子弹画出的抛物线最终会和瞄准基线的延长线在远处的一个点交会，这个点就是瞄准的目标。

明白了！想命中的目标距离越远，就越要把照门调高或者把枪口抬高，让瞄准基线与枪管之间的夹角变大。

如果我们可以在太空中开枪，会有什么结果呢？
好问题！

被引爆的火药产生压力，将子弹弹射出去。根据牛顿第三运动定律……
开枪人会以较为缓
的速度向子弹射出
反方向移动，因为
受到了反作用力。

这颗子弹最终的结局会是怎样的呢？
结局大概有三种。

第一，因为没有外力影响，子弹永远不会停止运动，持续向宇宙远处飞去。
去探索宇宙啦——

第二，子弹被周围大型星球的引力捕获，落到这个星球上。
来我这里玩玩？

第三，如果开枪人是在某颗行星周围的轨道上开枪，比如环绕地球的轨道……

子弹飞出后，会像一颗地球的卫星那样绕地球轨道运行，并在绕地球飞行一周后，击中开枪人的后背。

好了，让我们从幻想回到现实。

去现场看看真正的射击比赛吧。

正规射击项目的最远射击距离大都不超过50米，而且在室内进行的居多，为的就是尽量少受自然环境的影响。
是的，射击距离一般是10米、25米、50米。

这些设计都是为了让运动员可以精准地射中远处那个很难看清的目标。

我只能看到一个黑点。

运动员和我们一样，同样看不清靶纸上具体的环数。
我感觉能射中这个黑点就不错了。

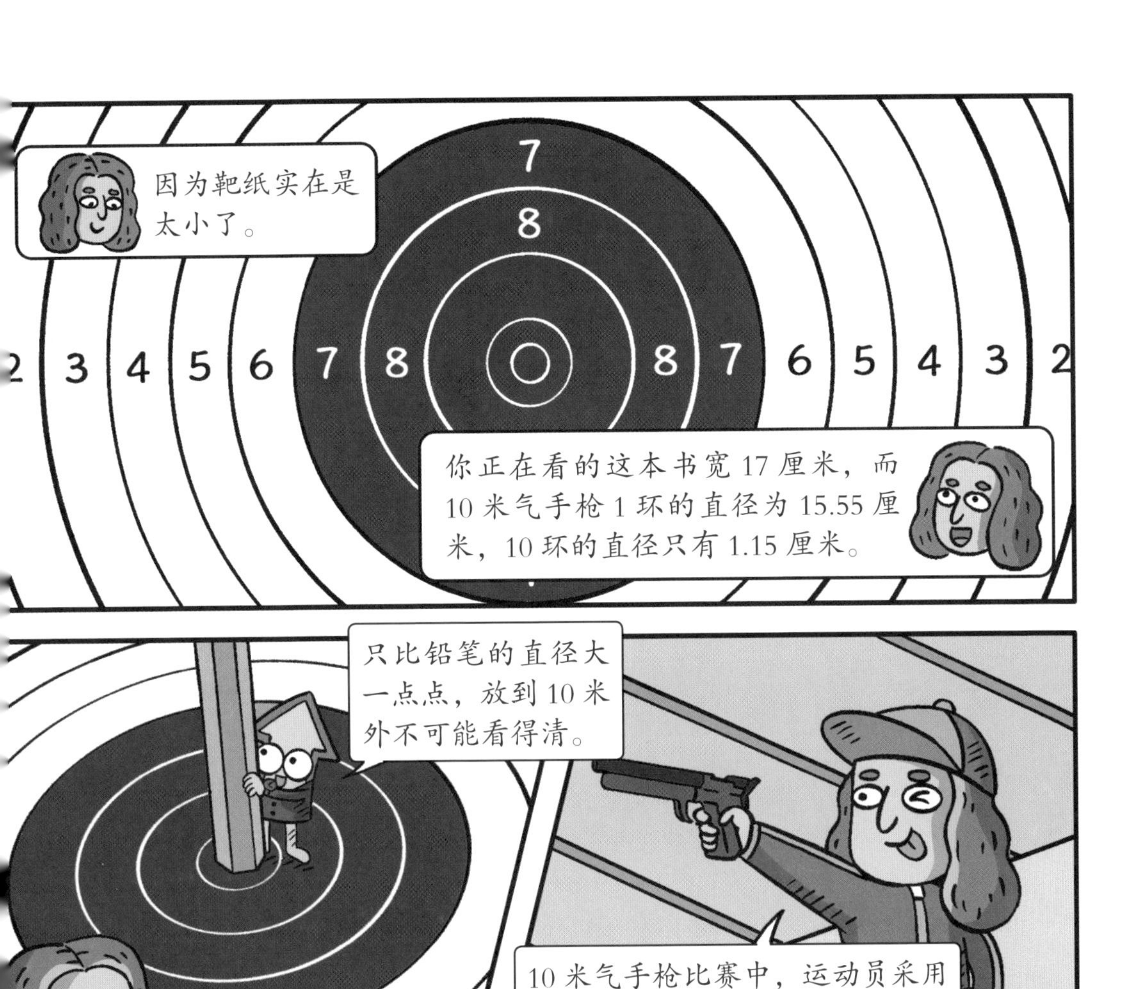
因为靶纸实在是太小了。
7
8
2 3 4 5 6 7 8 8 7 6 5 4 3 2
你正在看的这本书宽 17 厘米，而 10 米气手枪 1 环的直径为 15.55 厘米，10 环的直径只有 1.15 厘米。
只比铅笔的直径大一点点，放到 10 米外不可能看得清。
普通铅笔直径有多少毫米，你也去量量看吧。
10 米气手枪比赛中，运动员采用单手持枪、无依托的射击方式，稳定性相对较差，所以这项比赛中的靶纸已经不算小的了。

气步枪就不太一样了。
10 米气步枪的靶纸 1 环直径只有 4.55 厘米，9 环直径为 5.5 毫米，10 环的靶心点直径仅有 0.5 毫米。

这么比起来，气手枪的靶纸确实很大了。

我把 10 米气步枪的靶纸给你放到 10 米外……
10 米
牛顿教练，靶在哪儿？

射击运动员到底是怎样练就一双火眼金睛的？
刚才说过了，他们也看不清。而且，很多运动员的眼睛还近视呢。
近视 500 度

所以射击最重要的不是视力，而是心理调节能力和技术动作的稳定性。
专业射击运动员
业余教练

射击中的反冲运动非常具有代表性。反冲运动可以说是作用力与反作用力相互作用产生的效果。

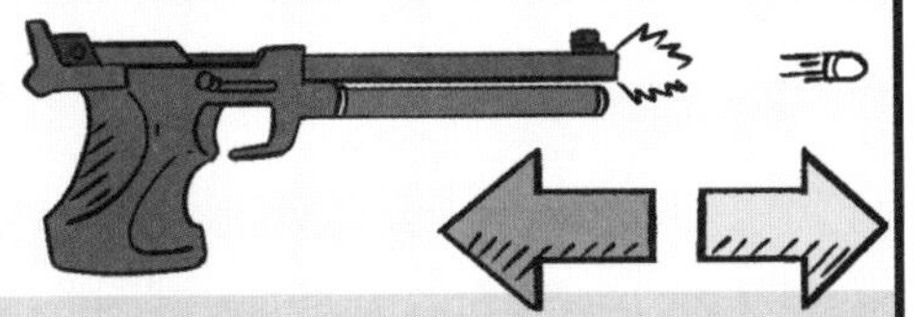
物体排出部分物质，使自己向相反的方向运动。

把气步枪扛在肩上，就能减少这种反作用力的影响。
准确地说，子弹射出时的反冲力叫后坐力。这种反冲算是一种有害的反冲。

有些动物利用的是有益的反冲。
我们前进可不是靠触手划水，而是靠喷出体腔内的水来推动自己快速游动。

明白了！喷气式飞机、火箭也是利用了反冲运动的原理。

将气球吹起来，然后松开。
气球内的气体向后喷出，而气球会向相反的方向运动。你就可以亲眼见证一次反冲运动了。

同样精彩的比赛项目还有射箭。看那边！

射箭场好大啊，想精确瞄准就更难了吧？
射箭场内的比赛距离是 70 米。

不过靶纸比射击的可大多了呀！
8
奥运会射箭比赛采用的靶面直径为 122 厘米，10 环的直径是 12.2 厘米。

射中靶心就好比从 70 米外射中一听可乐。
70米

射箭的靶面是目前为止我见到的最大的了。射箭好像简单一些呀。

并不简单。子弹的速度快，在短距离内受空气影响较小。

箭的速度只有子弹的十分之一，其长度和构造决定了即便很微小的气流变化都会对它的速度和方向产生较大的影响。

此，射箭运动员就像在超远距
外射击的狙击手，要时刻考虑
速、风向的影响。而射击运动
基本可以忽略这些因素。
嘿嘿，这次还是没射中。

我先来观察一下运动员们射箭的方法！
他们也会把弓抬高。

这是因为弓箭也和子弹一样，会在空中画出抛物线吧？

箭的重量远大于子弹，所以箭飞出后受重力的影响更大，飞行时画出的抛物线弧度也更大。
在70米射箭项目中，箭从射出到命中目标，高度落差能达到5米。
所以，放置箭靶时要有一个倾斜的角度，这样才能“接住”落下来的箭。
15°
重力
重力
物体受到的重力的大小和它的质量成正比，质量越大重力就越大。所以，箭的抛物线更明显是因为箭比子弹重吗？
并不是！你知道比萨斜塔实验吗？如果你这样想，就相当于认为弓箭质量大会更快落地，那你就和亚里士多德犯了同样的错误——认为物体下落速度和质量成比例。
1590年，伽利略在比萨斜塔上扔下两个质量不同的铁球，得出了质量不同的两个铁球同时落地的结论。
原来如此！

我懂了！虽然箭比子弹重，但它们下降的加速度是相同的。

这是典型的自由落体运动实验，也就是一个相对静止的物体理论上只受重力的影响，自由下落。
物体下落的速度和它的质量没有关联。

加速度

重力

射箭属于一种平抛运动。平抛运动指水平抛出的物体只在重力（不考虑空气阻力）作用下所做的运动。沿水平方向射出箭之后，箭受到重力影响下落。

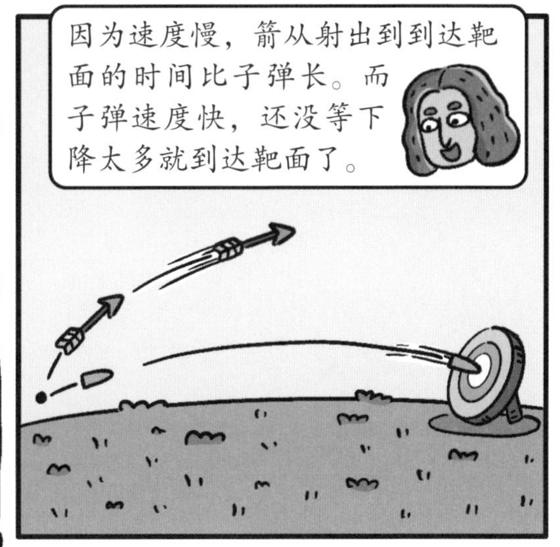

因为速度慢，箭从射出到到达靶面的时间比子弹长。而子弹速度快，还没等下降太多就到达靶面了。

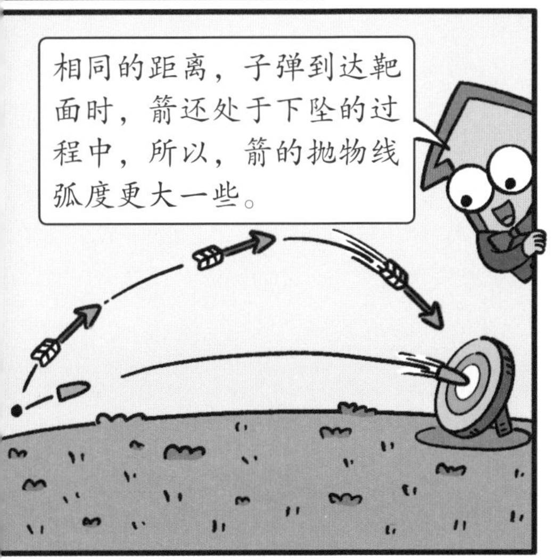

相同的距离，子弹到达靶面时，箭还处于下坠的过程中，所以，箭的抛物线弧度更大一些。

让我来看看射箭还有什么窍门！

我只找到了准星，没找到照门！
这也是射箭比射击更难把控的原因之一。

枪有照门、准星，它们和目标一样，都是瞄准线上的点。

少了照门，射箭怎么实现“三点一线”呢？
没有第三点就来创造第三点！

射箭运动员们摸索出了一种方法：靠弦法。

开弓之后，运动员拉弦的食指要贴在下颌骨的固定位置。弓弦与鼻子、嘴唇、下巴三处的中线对正。

弓弦和胸部的相对位置也要固定下来。

运动员要不断地重复、固化这些动作，让它们成为瞄准的“第三点”！

厉害！

想学好射箭看来需要练习很多年……
每个项目都是如此。

你先练习吧，我去休息一下。

Z
Z
Z

牛顿教练，我们开始
下一个项目吧！

你看我的练习
成果！
身为方向，
它还真有点儿天赋
在身啊。

让我想想……你知道
单人划艇吗？

知道！
不过这和瞄准有
什么关系？

当然有关系！单人划艇运动中，运
动员始终在艇身一侧划水，要让艇
身始终保持直线前进很不容易。

方向开始偏了！
我要上岸！

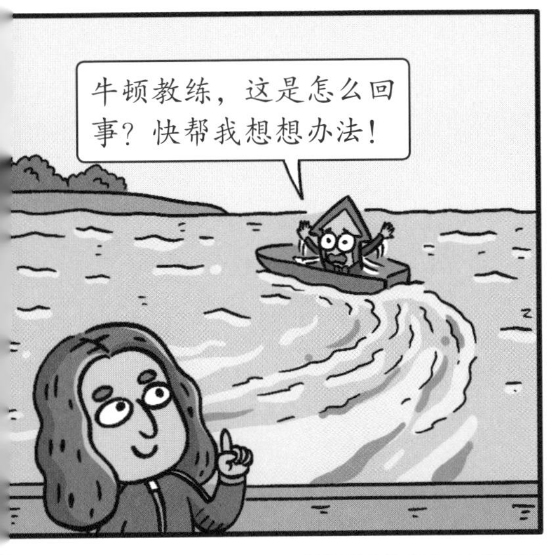
牛顿教练，这是怎么回事？快帮我想想办法！

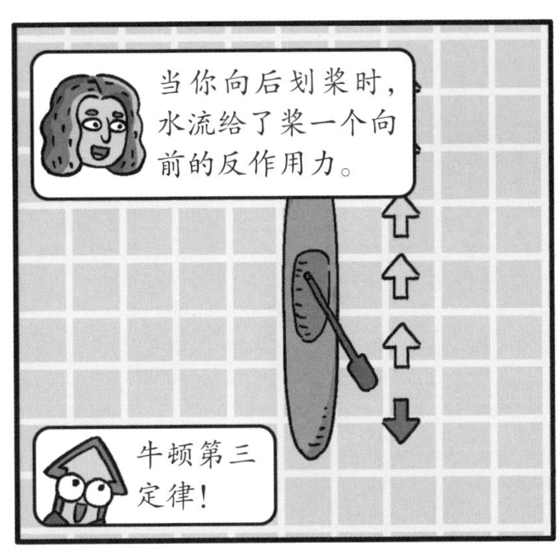
当你向后划桨时，水流给了桨一个向前的反作用力。
牛顿第三定律！

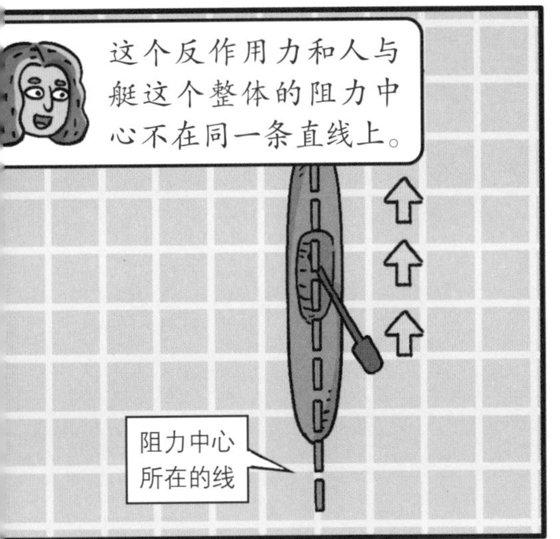
这个反作用力和人与艇这个整体的阻力中心不在同一条直线上。
阻力中心所在的线

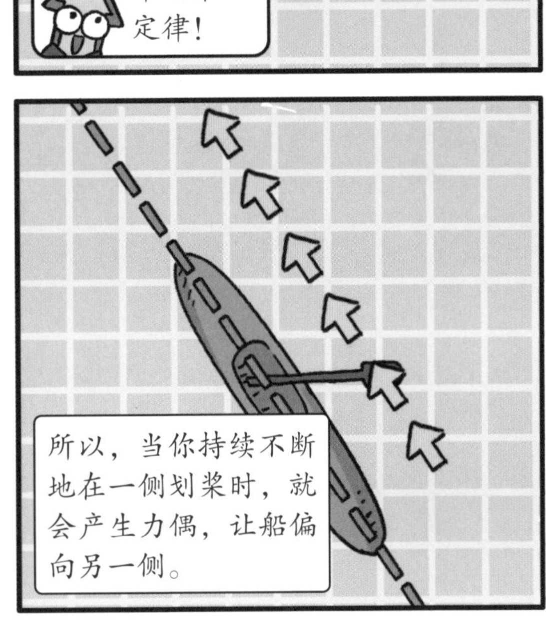
所以，当你持续不断地在一侧划桨时，就会产生力偶，让船偏向另一侧。

作用于物体上的两个力大小相等、方向相反，并且不在一条直线上，这对力就叫作力偶。

运动员是怎么做到只在一侧划桨，航线还能保持笔直向前的呢？

划艇的前身是印第安人为了渔猎而发明的独木舟。
N

我猜，他们一开始肯定也会为划的路线不直而烦恼。
不过，聪明的人类最终摸索出了一个方法！

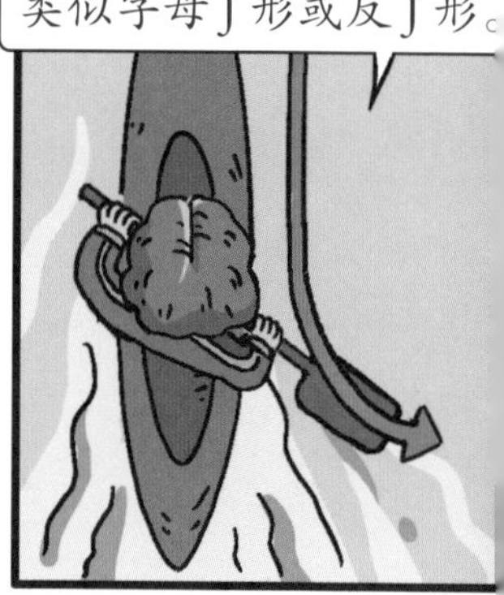
那就是在划桨动作即
结束时，将桨向外拐
让桨在水中的运动轨
类似字母J形或反J形。

根据牛顿第三定律：当桨向外拐时，水给桨一个指向船体方向的反作用力，刚好抵消了力偶的影响。划艇就可以重新回到笔直的航线上了。

牛顿教练总结出的物理定律，总是能帮人们瞄准目标。我们去下一个地方吧！

好球!

我发现打台球也需要对目标进行瞄准，只不过……很多时候不能直接瞄准目标。

如果目标前面有障碍物，该如何瞄准呢？

足球比赛中的“香蕉球”利用空气动力学原理绕过人墙。台球和与它类似的冰壶要怎样绕开障碍物呢？

我是不是要用一个假动作晃一下它？
太难了！

我来想办法！没什么问题是物理解决不了的。

台球高手都是物理原理的实践大师，他们的每一场比赛都是一堂生动的物理课。

有人说台球的雏形在 14 世纪就已经出现，并受到英国王室的喜爱。
选手按照比赛规则，用主球撞击目标球，让它入袋。

这位选手瞄准了白球的中心点。

白球碰撞了目标红球之后很快就停下了。

这是因为白球把动能传给了红球，红球沿着白球的运动方向继续前进。

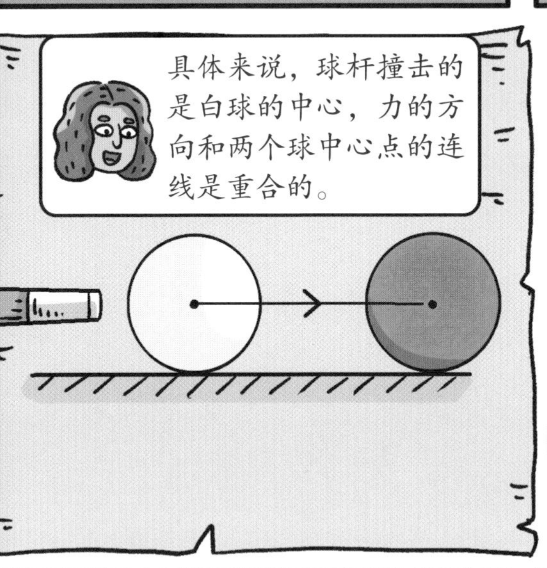

具体来说，球杆撞击的是白球的中心，力的方向和两个球中心点的连线是重合的。

这和牛顿摆的原理一样！

如果击打白球的中上部，力的方向和两个球中心点的连线就无法重合了。这时击打的力会让白球产生旋转的效果。

白球碰到红球时还在快速旋转，会持续给台面向后的力，而台面也就给了球向前的反作用力。所以，即使碰撞结束了，白球依然会在红球身后持续跟进。

牛顿教练，如果击打的是白球的中下部，它在碰撞后是不是会后退呢？

没错，就是这样。
真是个学霸啊。

物理学中有三大守恒定律，这个击球过程体现的就是其中的动量守恒定律。碰撞运动、反冲运动都是动量守恒定律的经典例子。
动量守恒定律：相互作用的物体，如果不受外力或所受外力的合力为零，它们的总动量保持不变。

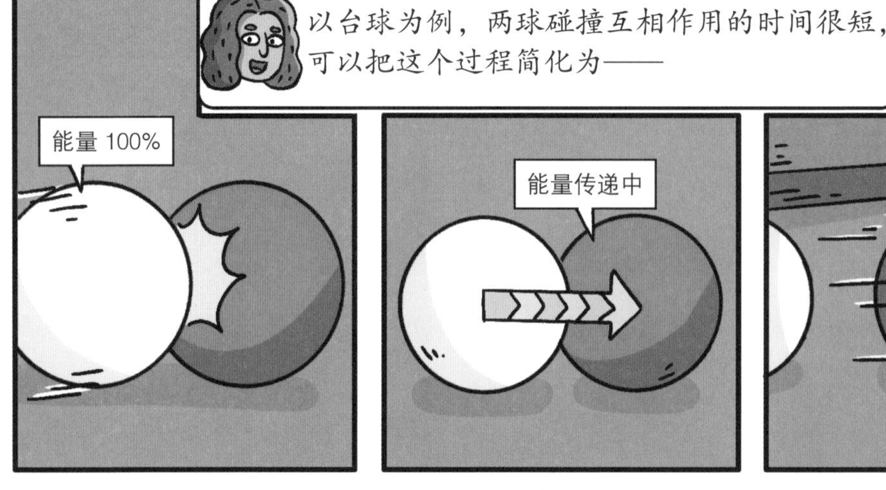
以台球为例，两球碰撞互相作用的时间很短，可以把这个过程简化为——
能量 100%

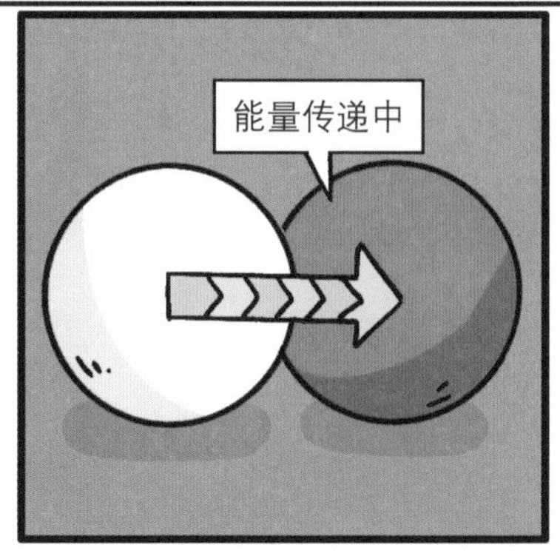
能量传递中

能量 100%

电能
动能
热能
光能
我顺便讲讲能量守恒定律。
我知道，能量无处不在，但是我们看不见。它和物体的运动有关，存在不同的形式。
能量守恒定律：能量既不会凭空产生，也不会凭空消失，它只会从一种形式转化为另一种形式，或者从一个物体转移到另一个物体。在转化和转移的过程中，能量的总量保持不变。
动能→动能
电能→机械能
三大守恒定律中还有一个角动量守恒定律，在第四册关于花样滑冰的部分，你可以看到具体讲解。

前面提到的台球的三种碰撞都是正面碰撞，是最简单的碰撞方式。但台球的大部分碰撞其实都是斜碰。

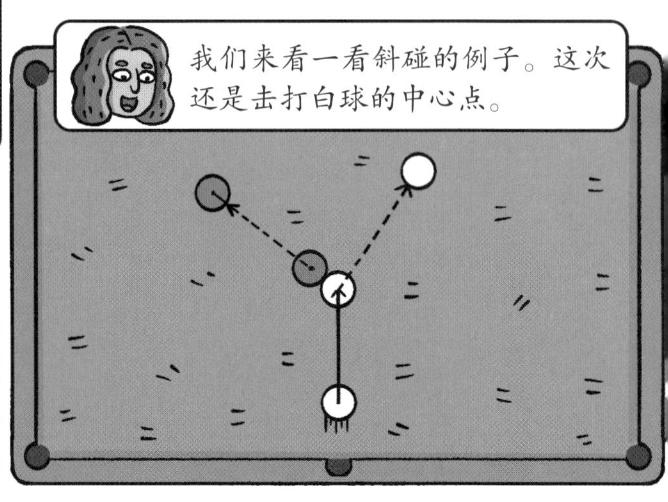
我们来看一看斜碰的例子。这次还是击打白球的中心点。

碰撞发生时，白球的质心和红球的质心之间连线的方向就是红球速度的方向。

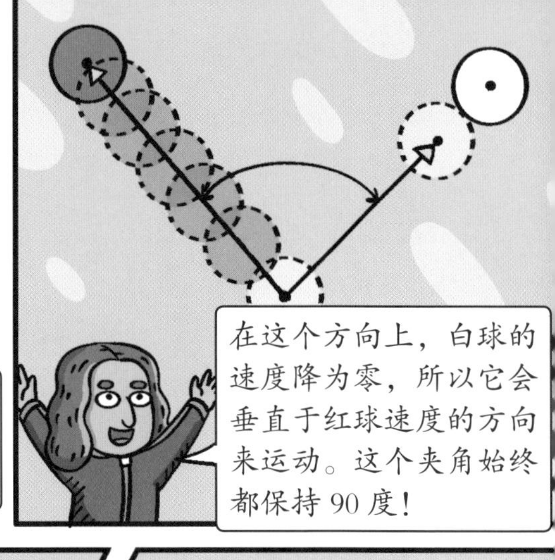
在这个方向上，白球的速度降为零，所以它会垂直于红球速度的方向来运动。这个夹角始终都保持90度！

台球的运动轨迹变化多样，斜碰也不一定都是如此吧？

击打不同的部位会产生不同的运动状态，如果击打后白球产生旋转，情况就不一样了。

击打白球中上部时，白球以向前旋转的方式与目标球斜碰，分离角将小于90度。

如果击打白球中下部，白球以向后旋转的方式发生斜碰，分离角就大于90度。
A
B
C
D

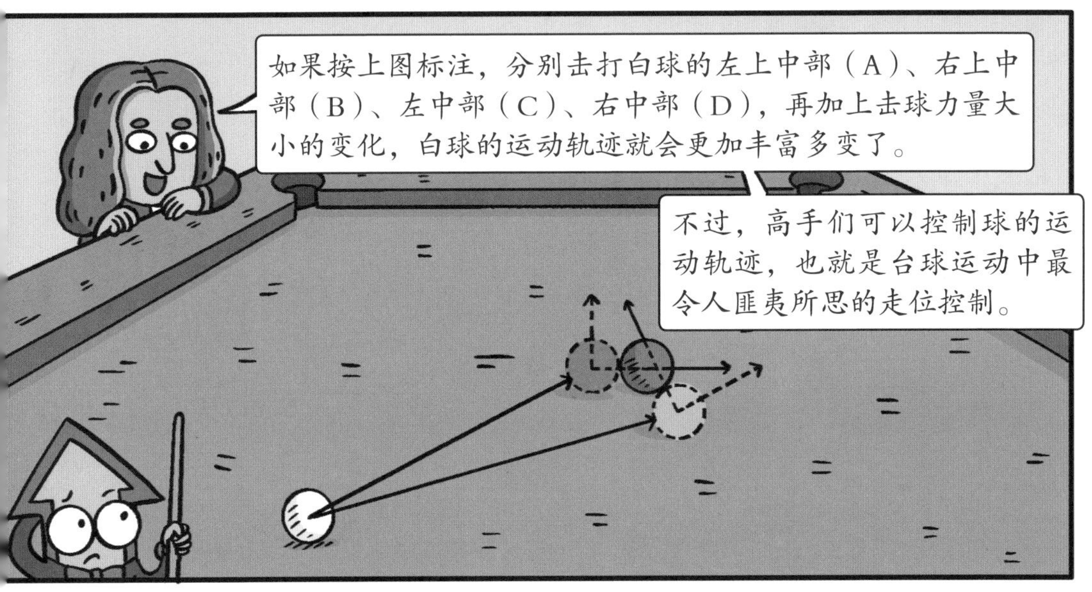
如果按上图标注，分别击打白球的左上中部（A）、右上中部（B）、左中部（C）、右中部（D），再加上击球力量大小的变化，白球的运动轨迹就会更加丰富多变了。
不过，高手们可以控制球的运动轨迹，也就是台球运动中最令人匪夷所思的走位控制。

我感觉学不好物理和数学，
肯定打不好台球！

我们去看看和台球运动
原理类似的项目吧！
让我想想……

看那边！
在这里面比赛的运动项目
吗？难道是冰壶？

冰壶运动中的物理原理与台球的
相似。略有差别的是，摩擦力在
冰壶运动中非常重要！

冰壶运动诞生于16世纪的苏格兰。

至今，绝大部分的优质冰壶都是由苏格兰艾尔萨·克雷格岛上的花岗岩制成的。

投手以极其精准的力道和角度将冰壶推出。
随后擦冰手会根据冰壶的具体运行状态在冰壶的前方高速擦冰，从而控制冰壶的运动路线和速度。

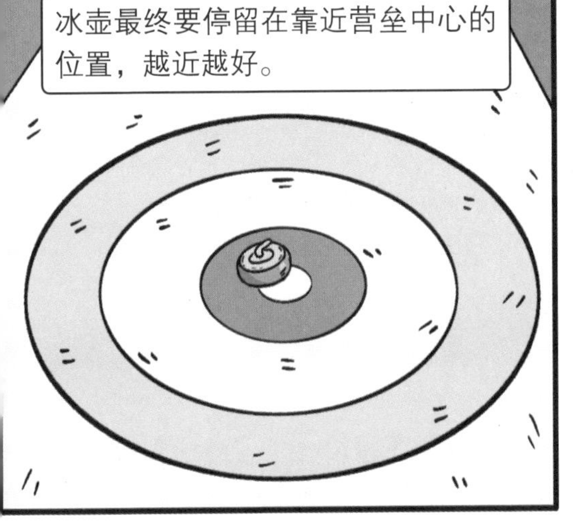
冰壶最终要停留在靠近营垒中心的位置，越近越好。

走吧，我们到冰面上去感受一下。

从远处看，比赛场地光滑得像镜子一样，靠近看却并不光滑。
一定和摩擦力有关！

赛前，工作人员会在场
上均匀喷水，以
成一层直径不到
毫米的凸起冰粒。

这样做是为了增大冰壶与冰面间的摩擦力，方便运动员对冰壶的运动进行控制。

投手的出手力度决定了冰壶基本的运行速度。

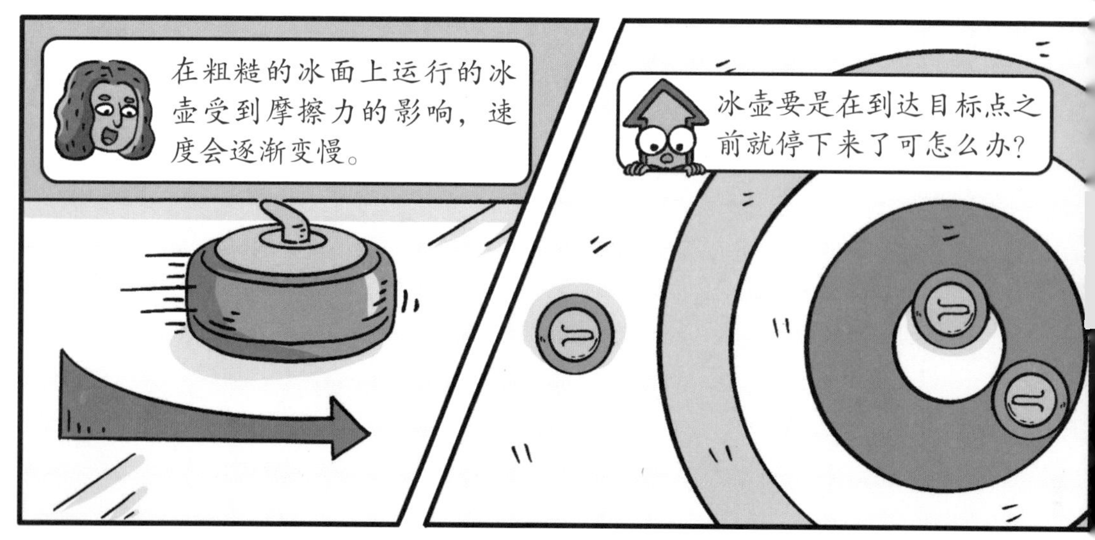

在粗糙的冰面上运行的冰壶受到摩擦力的影响，速度会逐渐变慢。
冰壶要是在到达目标点之前就停下来了可怎么办？

所以才需要擦冰手在冰壶前方高速擦冰。
擦冰使冰面变光滑，摩擦力变小！
一般来说，擦冰能让冰壶多前进3～5米。
3-5米
比这更加奇妙的是冰壶自身的旋转。投手在出手时一般都会给冰壶一个微小的转动力，使冰壶一边旋转一边前进。
这时，冰壶前部处于微微前倾的状态，导致冰壶前缘的压力大，使更多的表面冰层融化，所以前缘的摩擦力小。
压力降低熔点！

可是，不是说压力越大摩擦力越大吗？
一般情况是这样，但冰壶是在冰面上行进，有了水的参与，情况就不太一样了。

压力大会加速冰面的融化，冰面变得更光滑，所以摩擦力变小了。

冰壶前进的时候前缘比后缘摩擦力小，如果它的旋转方向是顺时针，那么后缘的运动方向就是向左。

根据牛顿运动定律，作为反作用力的后缘摩擦力方向必然向右。而后缘的摩擦力大于前缘的摩擦力，所以整个冰壶的运行轨迹会向右偏转。
摩擦力

如果擦冰手持续在冰壶前方擦冰，加速冰面融化，冰壶前缘受到的摩擦力一直很小，冰壶偏向右侧运动的趋势就会更加明显。

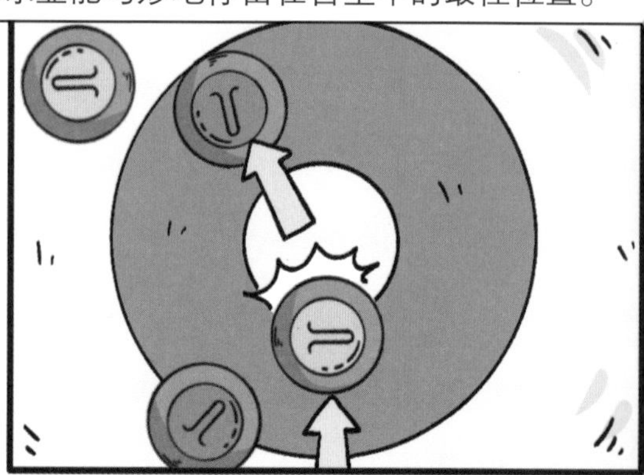
冰壶运动员正是利用了这些物理原理，才实现了对冰壶运动轨迹的控制，让自己队伍的冰壶能巧妙地停留在营垒中的最佳位置。

每一次精确的瞄准和精准的控制，背后都有牛顿教练的谆谆教诲。

虽然我们不一定是物理学家，但在我们的运动过程中，时时处处都有牛顿教练的智慧结晶。在不经意间，我们就成了在运动中展现物理原理的实验员。

物理学大师们为我们创立了理解万物运动规律的理论体系。来吧！让我们从物理科学的角度重新认识自己热爱的体育运动，用发现的眼光去观察身边的物理现象。
加油！

在太空中找方向的人造卫星

我觉得要找对方向，必备的技能之一是“转变方向”。我发现，太空中的人造卫星也需要转向或调整姿态来完成它的任务。人造卫星转向主要靠两种设备：反作用轮和推进器。

反作用轮是一种常用的让人造卫星转向的设备。人造卫星上安装有一个或多个反作用轮，它们的转速可以通过电机进行调节。当反作用轮转动时，由于角动量守恒，人造卫星本身会产生一个相反的角动量，从而使人造卫星转向。通过调节反作用轮的转速和方向，地面的工作人员可以实现对人造卫星的精确控制。

推进器也是一种常用的让人造卫星转向的设备。人造卫星上安装有一个或多个推进器，它们可以通过喷射推进剂来改变人造卫星的速度和方向。地面的工作人员通过调节推进器的喷射方向和喷射剂的量，实现对人造卫星的精确控制。但推进器通常用于大型人造卫星或需要进行大范围转向的场合，例如人造卫星的轨道修正。

除了反作用轮和推进器，还有其他能让人造卫星转向的设备，比如陀螺仪。这些设备都有各自的优缺点和适用范围，地面工作人员会根据人造卫星的任务需求和性能要求进行选择和组合使用。

我有一个问题

为什么有些实验要去太空做？

中国科协
首席科学传播专家
郭亮

地球上的重力、大气层、磁场等因素会对实验结果产生干扰，而在太空中这些干扰都不存在，科学家可以得到更准确的实验结果。

在地球上，物体受到重力的作用，会产生重力加速度，这会使实验结果受到重力的影响而产生误差；在太空中，物体不会受重力的影响。地球的大气层中存在着各种气体和微粒，这些物质会对实验中的光、电磁波等产生散射和吸收，从而影响实验结果；太空中没有大气层，也就不用担心这些干扰了。地球的磁场会对实验中的电子、离子等带电粒子产生影响，而在太空中做实验能摆脱地球磁场的影响。

所以，材料科学、生命科学、物理学等多个领域的一些实验需要在太空中完成。

太空中的宇航员怎么健身呢？

在太空中，宇航员需要进行锻炼以保持身体健康，但由于没有重力，大部分传统的地面健身方式不适用于太空。为了解决这个问题，宇航员需要采用一些特殊的健身方法。

太空舱内通常配备了跑步机、划船机、自行车等运动设备，宇航员可以利用这些设备进行有氧运动和力量训练。太空中的健身器材也会用一些特殊方法来模拟地球上的重力环境。例如，宇航员可以使用弹力带进行力量训练，或者使用气压马甲进行背部和腹部肌肉训练。宇航员锻炼时还会用一些不同于地面的体位和动作。例如，宇航员可以进行悬垂式的引体向上，或者利用太空舱的内壁做俯卧撑。

这些方法不仅可以帮助宇航员保持身体健康，还可以缓解宇航员的一些不适症状，为他们的长期太空探索提供健康保障。

什么是形变呢？

简单来说，物体的形状或者体积因外部原因发生的改变就是形变。形变分为两种：如果外力消失后物体能自动恢复原来的形状或体积，就是弹性形变；如果外力消失后物体无法自动恢复原来的形状或体积，就是范性形变（塑性形变）。

在很多体育项目中我们都能找到形变，比如射箭运动员拉弯的弓、撑杆跳高运动员撑杆时弯曲的杆、乒乓球落到球拍上时被压扁的胶皮，它们都发生了形变。

有的物体发生形变后可以恢复，有的无法恢复，为什么？

物体的形变恢复能力取决于物体的材料和形变方式。材料的弹性是影响形变恢复的重要因素。

材料的弹性取决于其分子结构和化学成分。物体受到外力作用时，会发生形变，是因为物体内部的原子和分子在力的作用下会发生位移和变形。

一些材料的原子和分子会在外力消失后自动恢复到原来的状态，从而使物体恢复原来的形状。具有这种特性的材料被称为弹性体，比如钢铁、橡胶等。还有一些材料，它们的分子结构在外力作用下发生变化后，无法自动恢复到原来的状态。具有这种特性的材料被称为塑性体，比如塑料、黏土等。这些材料在受到外力作用后，会发生永久性形变。

图书在版编目（CIP）数据

我的牛顿教练. 6, 瞄准的秘诀 / 很忙工作室著 ; 有福画童书绘. — 北京 : 北京科学技术出版社, 2023.12（2024.2重印）

（科学家们有点儿忙）

ISBN 978-7-5714-3236-2

Ⅰ. ①我… Ⅱ. ①很… ②有… Ⅲ. ①物理学—儿童读物 Ⅳ. ①O4-49

中国国家版本馆CIP数据核字(2023)第180521号

策划编辑： 樊文静
责任编辑： 樊文静
封面设计： 沈学成
图文制作： 旅教文化
营销编辑： 赵倩倩 郭靖桓
责任印制： 吕 越
出 版 人： 曾庆宇
出版发行： 北京科学技术出版社
社 址： 北京西直门南大街 16 号
邮政编码： 100035
电 话： 0086-10-66135495（总编室）
0086-10-66113227（发行部）
网 址： www.bkydw.cn
印 刷： 北京宝隆世纪印刷有限公司
开 本： 710 mm × 1000 mm 1/16
字 数： 50 千字
印 张： 2.5
版 次： 2023 年 12 月第 1 版
印 次： 2024 年 2 月第 3 次印刷
ISBN 978-7-5714-3236-2

定 价：159.00 元（全 6 册）

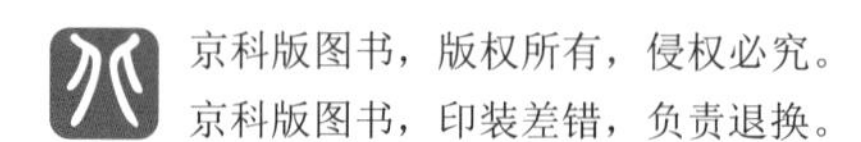